U0155647

# 小奇的狂想曲

## ·立体图形·

国开童媒 编著　每晴 文　哇哇哇 图

国家开放大学出版社出版　国开童媒（北京）文化传播有限公司出品

北　京

我是小奇，"好奇"的"奇"。
朋友们都说我的脑洞很大！确实，我总
爱胡思乱想，有些想法还有点儿疯狂！

我觉得这没什么不好，唯一的问题是，这让我上课不太能集中注意力。

因为每次老师讲到什么有意思的事，我的脑子就开始欢腾起来！

比如说——
这会儿，黑板上的这个长方体图片，就让我瞬间想到了——
**万里长城！**

长方体

不过，我想象中的长城可不一般！

那些烽火台可不是死板的正方体，而是……

这样的球体！

或者是这样的 **圆柱体**！

**小贴士：** 观察图中的球体和圆柱体，你能发现它们分别有什么特点吗？

我功课不忙的时候会到**烽火台**上去看夜景。

小贴士：请你观察一下，月亮和望远镜分别是什么立体图形呢？

我看到的夜景……

可不是这样的！

而是这样的！

小贴士：星球看着像什么立体图形呢？

如果在长城上待累了，我可不会走下来，坐缆车也没劲。

我会嚼嚼泡泡糖，吹个泡泡，
**巨大的泡泡！**

**小贴士**：观察这幅图，你能找到多少个立体图形呢？

然后挂上我的书包……
就这样**酷酷地飞下去**……

小奇！

罗小奇！

22

脑洞大开的小奇给我们提供了一种很好的学习方法，就是把抽象的立体图形与生活实际相联系，学会用数学的眼光观察现实生活。

其实，每一个孩子对立体图形都不陌生。在生活和游戏中，孩子都会接触到长方体、正方体、圆柱体和球体等各种形状的物体，他们对此已经有了较多的感知经验，只是这些经验是感性的，需要进一步抽象化，形成简单的几何概念，进而发展初步的空间观念。家长还可以进一步带着孩子用小积木进行拼、摆、搭等活动，获得对简单几何体的直观体验，进一步认识立体图形的显著特征。

在生活中，孩子可以通过数学眼光，发现并提出有意义的数学问题，感悟数学的审美价值，形成对数学的好奇心和想象力。

北京润丰学校小学低年级数学组长、一级教师　蒋慕香

# 思维导图

　　小奇的小脑瓜里有很多稀奇古怪的想法。这天，他在课堂上经历了一场"长城上的冒险"，从天上到水上，他玩得开心极了。小奇究竟经历了什么好玩的事情？请看着思维导图，把这个故事讲给你的爸爸妈妈听吧！

望远镜冲浪板

不一般的万里长城

球体烽火台

泡泡热气球

圆柱体烽火台

喜欢胡思乱想

吹出巨大的泡泡

烽火台看到的独特夜景

# 数学真好玩

## · 物品图形连连看 ·

小奇从家里的各个角落里找出了6件物品，你能帮助小奇辨认出这些物品分别是什么立体图形吗？请你将下面的物品跟它所对应的立体图形名称连起来吧。

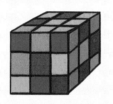  

长方体　　　球体　　　圆柱体　　　正方体

# ·小奇的积木作品·

数学课上，老师组织大家用积木搭出自己喜欢的小动物，小奇打算搭一只小狗。下方是小狗的示意图，请你仔细观察并告诉小奇，不同形状的积木应该各用几个呢？

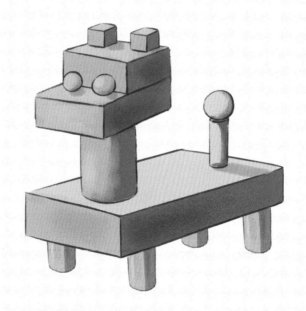

用（　　）个正方体　　　　用（　　）个圆柱体

用（　　）个长方体　　　　用（　　）个球体

# · 长城的通关密码 ·

　　小奇想象自己穿越到了古代长城，守护烽火台的士兵让小奇交出通关密码。已知这个密码由四个颜色组成，请你根据提示，在底下的四个方格中涂出正确的颜色密码吧！

**密码第一格：圆柱体颜色**

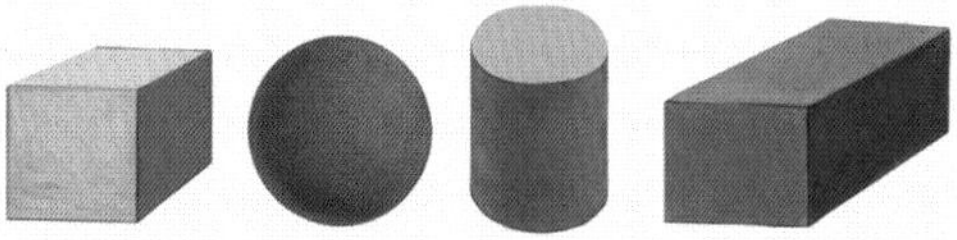

**密码第二格：正方体颜色**

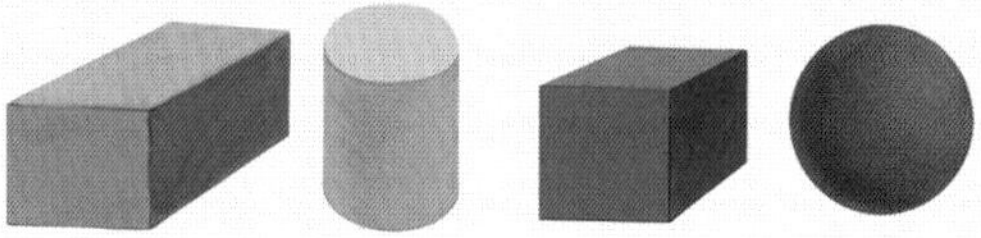

**密码第三格：球体颜色**

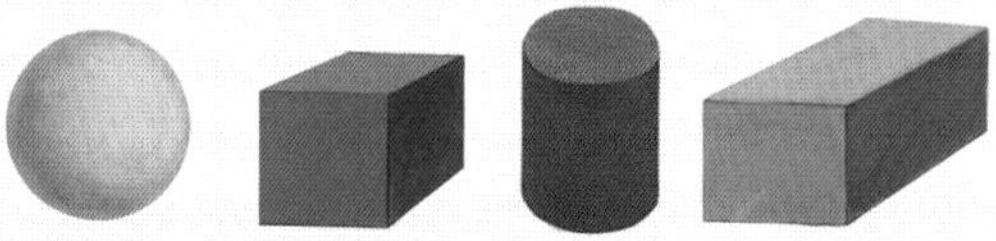

**密码第四格：长方体颜色**

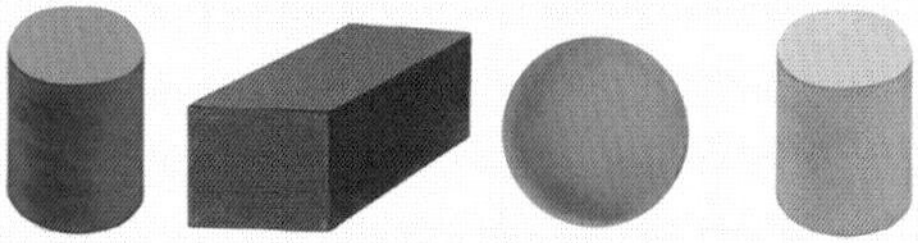

**涂色区域：**

| | | | |
|---|---|---|---|
| | | | |

# · 生活中的立体图形 ·

　　我们所处的世界就是一个立体世界，生活中处处都有立体图形的身影。所以，在日常生活中，家长可以引导孩子观察身边的物品都是什么形状，帮助孩子建立起立体图形和实际生活的联系。

**1. 发现生活中的立体图形，并引导孩子按照形状给物品归类。**

　　孩子日常所见到的很多物品都是立体图形，比如：字典、纸巾盒、柜子是长方体；骰子、魔方、方糖是正方体；地球仪和玻璃弹珠是球体；笔筒、速食罐头是圆柱体……可以先引导孩子观察这些物品分别是什么形状，再引导孩子按照形状给这些物品分类。

**2. 动手制作立体图形，创造立体事物。**

　　可以带领孩子用橡皮泥、黏土等捏制出富有创造性的立体图形，如苹果、葫芦等；或者带领孩子用纸张通过剪裁和粘贴的方式做成长方体或正方体的纸盒，使孩子感受到立体图形是由面构成的；或者用孩子喜欢的各种积木来搭建各种各样的建筑物，加深孩子对立体图形的认识。

# 知识点结业证书

亲爱的＿＿＿＿＿＿＿＿＿＿小朋友,

恭喜你顺利完成了知识点"**立体图形**"的学习, 你真的太棒啦! 你瞧, 数学并不难, 还很有意思, 对不对?

下面是属于你的徽章, 请你为它涂上自己喜欢的颜色, 之后再开启下一册的阅读吧!